Bibliografische Information der Deutschen Nationalbibliothek:

Die Deutsche Bibliothek verzeichnet diese Publikation in der Deutschen Nationalbibliografie; detaillierte bibliografische Daten sind im Internet über http://dnb.d-nb.de/ abrufbar.

Impressum:

Druck und Bindung: Books on Demand GmbH, Norderstedt Germany
ISBN: 978-3-668-13298-6

Dieses Buch bei GRIN:

http://www.grin.com/de/e-book/306507/ernaehrungsverhalten-im-wandel-nachhaltige-ernaehrungsweise-der-zukunft

Manuela Gruber

Ernährungsverhalten im Wandel. Nachhaltige Ernährungsweise der Zukunft

GRIN Verlag

Inhaltsverzeichnis

Zusammenfassung

Täglich viel Fleisch zu essen ist nicht nur schlecht für die Gesundheit, sondern auch für das Klima und Millionen Tiere müssen aufgrund nicht artgerechter Tierhaltung leiden. Mit diesen und ähnlichen Argumenten wird der Konsum von Fleisch oft in Frage gestellt. So ist in Sachen Ernährung ein Umdenken bemerkbar und Speisen ohne Fleisch finden immer öfter ihren Platz auf dem Teller der Österreicher und ÖsterreicherInnen. Die vegetarische Ernährungsweise ist in unserer Gesellschaft längst akzeptiert und gilt mittlerweise sogar als vorbildlich. Die vorliegende Arbeit zeigt, inwieweit sich die vegetarische Ernährungsweise in einer fleischdominierten Esskultur durchsetzen und in der Zukunft sogar die gesellschaftliche Mitte erreichen kann. Dass die Zukunft der Ernährung vegetarisch – oder zumindest fleischarm sein wird und welche Bedeutung diese Entwicklung im Rahmen einer nachhaltigen Ernährungsweise hat soll abschließend dargestellt werden. Die Zukunft is(s)t vegetarisch, denn jeder der sich vegetarisch ernährt, egal ob immer, regelmäßig oder gelegentlich, entscheidet sich nicht nur für eine gesündere Lebensweise, sondern schützt auch die Umwelt und setzt ein Zeichen gegen die industrielle Massentierhaltung.

Vorwort

Die vorliegende Arbeit wäre nicht die Arbeit, die sie ist, wenn ich nicht selbst Vegetarierin wäre und wenn ich mich nicht auf meine eigene vegetarische Suche gemacht hätte. Seit meinem 19. Lebensjahr verzichte ich bewusst auf Fleisch und setze mich nun täglich mit der vegetarischen Ernährungsweise auseinander. Warum ich zur Vegetarierin wurde waren vorwiegend ethische und moralische Motive, das Mitgefühl mit Tieren und die Ablehnung der Massentierhaltung. Noch vor wenigen Jahren, war man als Vegetarierin oft damit konfrontiert, mit FleischesserInnen über Einstellungen zu Fleisch bzw. über Motive für den Fleischverzicht zu diskutieren und man musste seine vegetarische Ernährungsweise argumentieren und verteidigen.

Mittlerweile kann man jedoch beobachten, dass sich die vegetarische Ernährungsweise in unserer Gesellschaft mehr und mehr etabliert. So musste man sich als vegetarisch lebende Person in vielen Restaurants vor einigen Jahren oftmals mit den Gemüse-Beilagen zufriedenstellen. Heute sind raffinierte vegetarische Speisen in den meisten Restaurants auf der Speisekarte zu finden. Durch das wachsende Gesundheitsbewusstsein und die zunehmende (mediale) Aufklärung ist der Verzicht auf Fleisch in unserer Gesellschaft nicht nur akzeptiert sondern gilt mittlerweile sogar als vorbildlich.

Mein Bestreben mit dieser Arbeit ist es, die soziologischen Zusammenhänge offenzulegen, die Auswirkungen auf die Entscheidung für das individuelle Ernährungsverhalten und folglich für eine vegetarische Ernährungsweise haben. So war es besonders interessant herauszufinden, dass sich im Vegetarierin-Sein auch feministische Positionen ausdrücken.

Diese Arbeit soll kein Aufruf für eine vegetarische Ernährungs- und Lebensweise sein, sondern hinterfragen, inwieweit sich dieser Ernährungstrend der Gegenwart in die Zukunft fortschreiben lässt. Denn einer der größten gesellschaftlichen Herausforderungen besteht darin, dass unser zukünftiges Ernährungsverhalten aufgrund der ökologischen, aber auch ethischen und sozialen Anforderungen langfristig und nachhaltig geändert werden muss. Und an einem geringeren Fleischkonsum führt kein Weg vorbei.

1. Einleitung

„Essen ist heute Teil der individuellen Lebensphilosophie geworden: Es geht um Gesundheit, Ethik, Lebensqualität und Status."[1]

Dass unser Ernährungsalltag nicht nur sehr komplex geworden ist sondern auch einem gesellschaftlichen Wandel unterliegt, zeigen gesellschaftliche Entwicklungen wie beispielsweise die steigende Erwerbsbeteiligung und die Flexibilisierung der Arbeitsmuster, der Wandel der Geschlechterbeziehungen und Werteinstellungen oder die Individualisierung und die strukturelle Entwicklung auf Produktions- und Marktseite (Stichworte: industrielle Massenproduktion, Globalisierung, Lebensmittelskandale, mediale Ernährungsdiskurse, usw.).[2] Wandlungsprozesse sind beispielsweise die starke Individualisierung, wo Menschen aufgrund der sich laufend veränderten Lebenslagen und –verläufen vermehrt mit Umbrüchen im Lebenslauf konfrontiert sind (z.B. Scheidungen, Auszeiten oder Umzüge durch gestiegene Mobilitätserfordernisse, Phasen der Arbeitslosigkeit usw.). Das bedeutet für jeden Einzelnen mehr Handlungsspielraum und somit aber auch einen Verlust an Sicherheit und Stabilität im Leben. Ein Beispiel zum Trend der Individualisierung in Bezug auf die Ernährung: Wo früher eine Mahlzeit für alle auf den Tisch kam, bestimmt mittlerweile jeder selbst, was er wann und wo essen will. Speisen werden mehr und mehr individuell zusammengestellt. „Nachdem Ernährungspraktiken (in unterschiedlichem Ausmaß) habitualisiert sind, können solche Umbrüche zum Überdenken bisheriger Routinen, zur

[1] Bosshart D., Hauser M.: European Food Trends Report – Perspektiven für Industrie, Handel und Gastronomie, Rüschlikon/Zürich, 2008, S. 6

[2] Brunner, K.-M.: Essenskulturen in sozialen Wandel, in: Engel, G., Scholz, S.: Essenskulturen, Berlin, 2008, S. 11f

Neubewertung von Esspraktiken und Lebensmitteln und zur Nachfrage nach neuen Produkten führen."[3]

Das führt dazu, dass das Fleisch als Nahrungsmittel in den letzten Jahren verstärkt eine Neubewertung erhalten hat. In unserer Kultur zählte der Verzehr von Fleisch und tierischen Produkten seit Jahrhunderten zur Selbstverständlichkeit. Jahrzehntelang war der Konsum von Fleisch Ausdruck für einen hohen Lebensstandard. Doch es wird gesellschaftlich immer weniger akzeptiert große Mengen an Wurst und Schnitzel zu verzehren. Denn der übermäßige Fleischverzehr ist für viele Menschen mit gesundheitlichen Problemen verbunden. Durch das wachsende Gesundheitsbewusstsein und die zunehmende Aufklärung sind der Verzicht auf Fleisch und der bewusst geringe Fleischkonsum in unserer Gesellschaft mittlerweise akzeptiert. Große Mengen Fleisch zu konsumieren ist nicht nur schlecht für die Gesundheit, sondern auch für das Klima und für Millionen von Tieren. Mit diesen Argumenten wird der Konsum von Fleisch in Frage gestellt. So ist in Sachen Ernährung ein Umdenken bemerkbar und Speisen ohne Fleisch finden immer öfter und gern ihren berechtigten Platz auf dem Tisch der Österreicher und Österreicherinnen. Die vegetarische Küche erfreut sich zunehmender Beliebtheit.

Die vorliegende Arbeit wird sich mit dem Konzept der Nachhaltigkeit sowie der nachhaltigen Ernährungsweise in der Zukunft auseinandersetzen, wobei als Kriterien für eine nachhaltige Ernährung ein reduzierter Fleischkonsum thematisiert wird. Abschließend soll die Ernährung von morgen unter dem Aspekt einer vegetarischen bzw. fleischreduzierten Ernährung näher skizziert werden. Als praktisches Beispiel für eine Umsetzung werden Kampagnen zum Thema „Fleischfreier Wochentag" angeführt.

2 Nachhaltige Ernährungsweise in der Zukunft

Tiertransporte, Gammelfleisch-Skandale und BSE-Krise – das Unbehagen und die Unsicherheit bei den Verbrauchern über diese Zustände wächst. Die Konsumenten wollen „ehrliche" und saubere Lebensmittel auf dem Teller haben. Gerade solche Vorfälle und Skandale rücken das Thema der Nachhaltigkeit und der nachhaltigen Ernährung verstärkt in den Fokus der Diskussion. Eine nachhaltige Lebens- und Ernährungsweise wird immer mehr Aufmerksamkeit entgegengebracht, weil Faktum ist, dass eine steigende Zahl von Menschen sich einen anderen Umgang mit Nahrungsmitteln – insbesondere Fleisch -wünscht.

---

[3] Brunner, K.-M.: Risiko Lebensmittel? Lebensmittelskandale und andere Verunsicherungsfaktoren als Motiv für Ernährungsumstellungen, Wien, 2006, im Internet: www.konsumwende.de

Wenn man Konsumenten und Konsumentinnen fragt, was ihnen bei Lebensmitteln am wichtigsten ist dann werden die Herkunft der Rohstoffe (regional und/oder ökologisch), die Qualität und die Verarbeitung erwähnt. Das Motivforschungsinstitut Karmasin ermittelte im Auftrag der Agrarmarkt Austria die Idealvorstellung bei Lebensmitteln. Die Wunschvorstellung sind Lebensmittel, die mehrheitlich nicht aus industrieller Massenproduktion kommen. Weiters wurde die Achtung vor saisonalen Produkten betont. Ideal wäre somit „eine Landwirtschaft, wie es sie früher gab: klein, nah, regional, ohne Schäden für Umwelt und Tiere.[4]

Diesee Arbeit beschäftigt sich nun mit Aspekten der nachhaltigen Ernährung und mit der „Ernährung von morgen" und stellt die Frage, inwieweit eine fleischlose oder fleischreduzierte Ernährungsweise einen Beitrag für eine Nachhaltigkeit leisten kann. Ob es sich bei dem Thema der nachhaltigen Ernährung nur um einen aktuellen Entwicklungstrend handelt, der sich möglicherweise von einem Trend zu einem kollektiven Leitbild in der Gesellschaft etablieren kann oder ob es anhand von Barrieren und Hemmnissen kaum möglich ist, dieses Konzept der nachhaltigen Ernährung im Alltag zu integrieren, soll in der Folge ebenfalls näher betrachtet werden. Zuerst soll das Konzept der nachhaltigen Entwicklung skizziert werden, bevor die Kriterien einer nachhaltigen Ernährung, insbesondere die der vegetarischen oder fleischreduzierten Ernährung, dargestellt werden.

2.1 Das Konzept nachhaltige Entwicklung

Die Idee der Nachhaltigkeit reicht bis Anfang des 18. Jahrhunderts zurück und bildet die Grundlage für die heutige Bedeutung des Begriffs. Nach der häufig zitierten, sehr allgemeinen Definition des Brundtland-Berichts aus „Unsere Gemeinsame Zukunft" der „Weltkommission für Umwelt und Entwicklung" ist mit nachhaltiger Entwicklung eine Entwicklung gemeint, „die die Bedürfnisse der Gegenwart befriedigt, ohne zu riskieren, dass künftige Generationen ihre eigenen Bedürfnisse nicht befriedigen können".[5] Eine etwas umfangreichere Definition ist jene von Stappen: „Die nachhaltige Entwicklung der Erde ist eine Entwicklung, die die Grundbedürfnisse aller Menschen befriedigt und die Gesundheit und Integrität des Erdökosystems bewahrt, schützt und wiederherstellt, ohne zu riskieren, dass zukünftige Generationen ihre Bedürfnisse nicht befriedigen können und ohne die Grenzen der Tragfähigkeit der Erde zu überschreiten."[6] Es gibt zahlreiche, unterschiedliche Interpretationen des Begriffs Nachhaltigkeit, trotzdem ist aber „unstrittig, dass Nachhaltigkeit als

[4] Agrarmarkt Austria, im Internet: http://www.ama-marketing.at/ama-marketing/
[5] Hauff, V.: Unsere gemeinsame Zukunft. Der Brundtlandbericht der Weltkommission für Umwelt und Entwicklung, Greven, 1987, S. 46
[6] Stappen, R.: A sustainable world is possible, Eichstätt, 2004-2008, S. 25

möglicher Zukunftsentwurf für die Gestaltung von Gesellschaften und gesellschaftlicher Naturbeziehungen inzwischen zu einem kollektiven Leitbild geworden ist."[7]

In der internationalen Diskussion über Nachhaltigkeit, gelingt es – aufgrund unterschiedlicher Definitionsansätze – zwei bedeutende Diskurse miteinander zu verschränken: den auf Naturzerstörung und ökologische Probleme zentrierten Umweltdiskurs sowie den auf Armut und ökonomische Probleme zentrierten Entwicklungsdiskurs. Das Leitbild Nachhaltigkeit verfolgt Ziele wie ein ökologisch verträgliches Wirtschaftswachstum, die Sicherung der natürlichen Lebensgrundlagen und soziale Gerechtigkeit.

Das sogenannte „Drei-Säulen-Modell" verdeutlicht die Darstellung dahingehend, dass zwischen ökologischer, ökonomischer und sozialer Dimension der Nachhaltigkeit unterschieden wird.

2.1.1 Ökologische Dimension

Wenn es um die Bestimmung von Nachhaltigkeit geht, dominieren eindeutig die ökologischen Kriterien.[8]

Ökologische Nachhaltigkeit hat sich in den reichen westlichen Gesellschaften mittlerweile zu einem Leitwert entwickelt. Dieser Wert zielt darauf ab, die Natur für nachfolgende Generationen zu erhalten und fordert einen schonenden Umgang mit ihr. Es geht beispielsweise in diesem Zusammenhang um folgende Fragestellungen: Leben heutige Gesellschaften auf Kosten der Natur? Welche Natur ist zukünftigen Generationen zu hinterlassen?[9]

Was ökologische Nachhaltigkeit in der Umsetzung konkret bedeuten soll, wird in verschiedenen Konzepten unterschiedlich beantwortet. Beispielsweise propagieren die einen die Reduktion oder gar den Verzicht von Fleisch. Andere setzen auf intelligente Produkte, die ressourcenschonend produziert werden oder vollständig ökologisch abbaubar sind, weil die Verpackung beispielsweise aus umweltschonendem Zellulosematerial hergestellt wurde.

Welche „Naturverhältnisse" gesellschaftlich gewünscht und kommenden Generationen hinterlassen werden sollen und vor allem wie solche Verhältnisse herzustellen sind, kann allerdings nicht aus der

---

[7] vgl. Brunner (2007), S. 2

[8] Brunner, K.-M.: Konsumprozesse im Ernährungsfeld: Chancen für Nachhaltigkeit?, in: Internationaler Arbeitskreis für Kulturforschung des Essens, Mitteilungen, 10., 2003, S. 22ff

[9] vgl. Brunner (2007), S. 2

Ökologie abgeleitet, sondern nur in gesellschaftlichen Abwägungsprozessen bestimmt und ausgehandelt werden.[10]

2.1.2 Ökonomische Dimension

Die ökonomische Säule der Nachhaltigkeit unterscheidet zwei Richtungen: Ein Aspekt untersucht das Verhältnis Wirtschaft und Natur, während sich die zweite Richtung mit Voraussetzungen der nachhaltigen Funktionsfähigkeit des ökonomischen Systems befasst. Im Fokus steht die Natur und deren Inanspruchnahme unter der Berücksichtigung, dass zukünftige Generationen mindestens den gleichen Nutzen realisieren können wie die heute lebenden. In dieser Diskussion gibt es Vertreter der „starken Nachhaltigkeit", die davon ausgehen, dass der Nachwelt der natürliche Kapitalstock erhalten bleiben soll, was bedeutet, dass nur erneuerbare Ressourcen genutzt werden dürften. „Schwache Nachhaltigkeit" bedeutet, dass eine nutzenorientierte Substituierbarkeit von natürlichem durch künstliches Kapital legitim ist. In diesem Zusammenhang spielt die Politik der Nachhaltigkeit eine große Rolle, die die Substitutionsgrenzen festzulegen haben und welcher Kapitalbestand an natürlichen Ressourcen erhalten bleiben soll.[11]

2.1.3 Soziale Dimension

Die sozialen Aspekte wurden in Nachhaltigkeitsdiskussionen häufig vernachlässigt. Mit der sozialen Dimension von Nachhaltigkeit kommen insbesondere Begriffe wie Gerechtigkeit und Sozialverträglichkeit in den Vordergrund. Welche Aspekte damit gemeint sind, zeigt beispielhaft die folgende Auflistung:[12]

- Befriedigung der Grundbedürfnisse aller Gesellschaftsmitglieder
- Soziale Sicherheit
- Chancengleichheit
- Erhaltung des kulturellen Erbes und der kulturellen Vielfalt
- Selbstbestimmte Lebensführung auf Basis eigener Arbeit und
- Erhaltung und Weiterentwicklung der Sozialressourcen.

---

[10] Kopfmüller, J., Brandl, V., Jörissen, J., Paetau, M., Banse, G., Coenen, R., Grunwald, A.: Nachhaltige Entwicklung integrativ betrachtet, Berlin, 2001

[11] vgl. Brunner (2007), S. 3

[12] Ebd. S. 4f

Auch soziale Dimensionen können im Rahmen von Nachhaltigkeitsstrategien nicht anhand von Definitionen festgelegt werden. Auch hier ist eine Berücksichtigung und Akzentuierung im Rahmen von gesellschaftlichen Prozessen gefordert.[13]

In Diskussionen um Nachhaltigkeit hat bisher vor allem die soziale Dimension einen eher untergeordneten Stellenwert gehabt. Die ökonomische Dimension wird oft auf die betriebswirtschaftliche Nachhaltigkeit reduziert. „In der Debatte um nachhaltigen Konsum zeigt sich, dass der begrenzte Erfolg bisheriger Aktivitäten darin begründet sein könnte, dass zumeist eine Verkürzung auf ökologischen Konsum stattfindet.[14]

2.2 Kriterien für nachhaltige Ernährung

Was genau unter nachhaltiger Ernährung zu verstehen ist, ist in der Literatur unterschiedlich definiert. Oft wird nachhaltige Ernährung mit einer gesundheitsfördernden und umweltverträglichen Ernährung in Zusammenhang gebracht. Andere Definitionen berücksichtigen zusätzlich soziale und ökonomische Aspekte. Trotzdem zeigt sich eine deutliche Akzentsetzung: Wenn es um die Bestimmung von nachhaltiger Ernährung geht, dominieren wie auch beim übergeordneten Leitbild der nachhaltigen Entwicklung ökologische Kriterien.[15]

Konsumaktivitäten und die durch sie verursachten Umweltbeeinträchtigungen sind ein besonders wichtiges Thema in der Nachhaltigkeitsdiskussion geworden. Vor allem das Ernährungssystem gilt in Zusammenhang mit Nachhaltigkeitsfragen als wichtiges Handlungsfeld. „Lebensmittelproduktion, -verarbeitung, -distribution, -konsum und –abfall haben bedeutende Umweltauswirkungen (z.B. Verlust von Biodiversität, Emissionen, Kontaminationen,). Aber auch soziale, ökonomische und gesundheitliche Implikationen wie z.B. Überproduktion, Zunahme an ernährungsbezogenen Krankheiten, steigendes Übergewicht und Bauernhofsterben können die Folge sein.[16]

Unumstritten ist, dass eine nachhaltige Ernährung umweltverträglich sein muss. Das schließt den Erhalt der biologischen Vielfalt ebenso wie den Gewässer-, Boden- und Klimaschutz sowie die Vermeidung von Umweltbelastungen durch Erzeugung, Verarbeitung und Konsum von Lebensmitteln ein. Abschließend erwähnenswert ist die Definition einer nachhaltigen Ernährung im Rahmen der

[13] Dangschat, J.: Wie nachhaltig ist die Nachhaltigkeitsdebatte?, in: Alisch, M. (Hg.): Sozial – Gesund – Nachhaltig. Vom Leitbild zu verträglichen Entscheidungen in der Stadt des 21. Jahrhunderts, Opladen, 2001
[14] Eberle, U.: Umwelt-Ernährung-Gesundheit – Beschreibung der Dynamiken eines gesellschaftlichen Handlungsfeldes. Ernährungswende-Diskussionspapier Nr. 1, Köln, 2004
[15] vgl. Brunner (2003), S. 22
[16] vgl. Brunner (2007), S. 7

Ernährungsökologie. So ist nachhaltige Ernährung unter anderem durch folgende Charakteristika gekennzeichnet: Einen geringen Fleischkonsum, den Konsum ökologisch produzierter Lebensmittel, eine Bevorzugung wenig verarbeiteter Lebensmittel und solcher, die regional und saisonal erzeugt werden.[17]

Welche Kriterien kann ein Konsument oder eine Konsumentin nun berücksichtigen, um einen Beitrag im Sinne einer nachhaltigen Ernährung zu leisten. Aller Wahrscheinlichkeit nach wird es keine Person geben, die sich idealerweise an alle Anforderungen einer nachhaltigen Ernährung hält. Bevor nun ausgewählte Aspekte skizziert werden, die als Kriterium für den individuellen Konsum und somit für die nachhaltige Ernährung eines jeden einzelnen Gültigkeit haben sollte, soll vorerst das Verständnis in der Gesellschaft für eine nachhaltige Lebensweise hinterfragt werden.

Nachhaltigkeit gewinnt an Bedeutung. Wie sieht es nun mit dem Wissen über Nachhaltigkeit und nachhaltige Ernährung tatsächlich in der Bevölkerung aus?

Nachhaltigkeit und soziale Verantwortung hat im Lebensmittelbereich in den letzten Jahren stark an Prominenz gewonnen. Jedoch leidet die Diskussion nicht zuletzt daran, dass der Begriff für Menschen oft nur eingeschränkt bekannt und wenig konkret ist. So haben im Rahmen der deutschen Nestlé Studie 2011 nur rund zwei Drittel der Bevölkerung den Begriff bereits gehört und davon ist nur gut die Hälfte in der Lage den Begriff von sich aus sinnvoll mit Inhalt zu füllen. 25 Prozent umschreiben Nachhaltigkeit mit einer längerfristigen Perspektive und anhaltenden Wirkung, 9 Prozent mit verantwortungsbewussten Handeln und 6 Prozent mit der Verfolgung von konkreten Zielen. Auch den Begriff soziale Verantwortung in Zusammenhang mit Nahrungsmittelproduktion und Ernährung mit Inhalt zu füllen, fällt schwer. 38 Prozent reagieren auf die Frage ratlos. Zudem klaffen im Kontext sozialer Verantwortung Anspruch und Zahlungsbereitschaft teils weit auseinander. So halten etwa 60 Prozent eine artgerechte Tierhaltung für besonders wichtig, dafür mehr zahlen würden jedoch nur 33 Prozent.[18]

[17] Koerber, K. von, Männle, T., Leitzmann, C.: Vollwert-Ernährung. Konzeption einer zeitgemäßen und nachhaltigen Ernährung, Stuttgart 2004

[18] http://www.nestle.de/Unternehmen/Nestle-Studie/Nestle-Studie-2011/Documents/Nestle%20Studie%202011_Zusammenfassung.pdf

Abb. 1: Nachhaltigkeit und Verständnis des Begriffs[19]

Am ehesten werden laut der deutschen Studie von Nestlé mit Nachhaltigkeit artgerechte Tierhaltung (96 Prozent), faire Behandlung von Lieferanten und Mitarbeitern (90 Prozent) und Verzicht auf Gentechnik (89 Prozent) assoziiert. Allerdings sind nur wenige Verbraucher bereit, dafür deutlich höhere Preise zu zahlen. Zusammenfassend bedeutet dies, dass Lebensmittel natürlich erzeugt und fair gehandelt sein sollten. Das Wort "Nachhaltigkeit" ist zwar in aller Munde – was damit wirklich gemeint ist, bleibt vielen ein Rätsel. Es scheint, dass das Thema Nachhaltigkeit die Konsumenten und Konsumentinnen überfordert.

Wenn es um die Kriterien für eine nachhaltige Ernährung geht, dann ist die hoch industrialisierte Land- und Viehwirtschaft in den letzten Jahren sehr stark in die Kritik gekommen. Massentierhaltung, übermäßiger Fleischkonsum und die Überdüngung tragen maßgeblich zur Klimaveränderung bei. So wurde beispielsweise im Rahmen des Weltagrarberichts 2008 ein Kurswechsel von einer industriellen Landwirtschaft hin zu kleinbäuerlicher und ökologischer Landwirtschaft gefordert.[20]

Ethisches, verantwortungsvolles und nachhaltiges Ernährungsverhalten kann somit als eine der Hauptforderung des Weltagrarberichts genannt werden. Aber was sind die Hindernisse, die es der

---

[19] Ebd.

[20] http://hup.sub.uni-hamburg.de/opus/volltexte/2009/94/pdf/HamburgUP_IAASTD_Synthesebericht.pdf

westlichen Weltbevölkerung so schwierig macht, ihre Ernährungsgewohnheiten zu überdenken. Und warum hat der Konsum von Fleisch so massive Auswirkungen auf den Klimawandel?

„Essen ist keine Privatsache", so lautet der Titel eines Aufsatzes von Franz-Theo Gottwald von der Schweisfurth-Stiftung in München. „Essen ist in unserer industrialisierten, globalisierten Lebens- und Ernährungswelt zu einem moralisch aufgeladenen Gut geworden."[21]

Die Ernährung des Menschen hat in der heutigen Zeit gute und schlechte Auswirkungen – nicht nur auf den eigenen Körper, sondern auch auf die Umwelt, nachfolgende Generationen und andere Menschen auf dieser Welt. Ethische und moralische Überlegungen in Zusammenhang mit der eigenen Ernährung betreffen beispielsweise die Generationsgerechtigkeit, den Welthunger, fairen Handel und akzeptable Produktionsbedingungen und der Umgang mit Tieren (artgerechte Tierhaltung). Ökologische Auswirkungen des persönlichen Ernährungsstils betreffen den Ressourcenverbrauch, das Klima – wie zum Beispiel der „ökologische Fußabdruck" auf Lebensmitteln zeigen kann – die Müllproduktion und Müllvermeidung und vieles mehr. Ökologische und ethische Aspekte überschneiden sich dabei.[22]

Jeder einzelne ist daher gefordert, sich an einem ethisch verantwortungsvollen und nachhaltigen Ernährungsverhalten zu orientieren. Was genau unter nachhaltiger Ernährung zu verstehen ist, ist in der Literatur unterschiedlich definiert. Oft wird nachhaltige Ernährung mit einer gesundheitsfördernden und umweltverträglichen Ernährung in Zusammenhang gebracht. Andere Definitionen berücksichtigen zusätzlich soziale und ökonomische Aspekte. Trotzdem zeigt sich eine deutliche Akzentsetzung: Wenn es um die Bestimmung von nachhaltiger Ernährung geht, dominieren wie auch beim übergeordneten Leitbild der nachhaltigen Entwicklung ökologische Kriterien.[23]

Abschließend erwähnenswert ist die Definition einer nachhaltigen Ernährung im Rahmen der Ernährungsökologie. Nachdem als Risiken im Ernährungsalltag unter anderen die Chemisierung der Landwirtschaft und die daraus resultierenden Folgen für Mensch und Umwelt, die nicht artgerechte Tierhaltung, der hohe Verarbeitungsgrad von Lebensmitteln und das System der Massenproduktion als negative Aspekte für die Lebensmittelqualität identifiziert werden, ist nachhaltige Ernährung unter anderem durch folgende Charakteristika gekennzeichnet:

---

[21] vgl. Gottwald, F.-T., im Internet: http://www.epikur-journal.at/
[22] Ebd.
[23] Brunner, K.-M.: Konsumprozesse im Ernährungsfeld: Chancen für Nachhaltigkeit?, in: Internationaler Arbeitskreis für Kulturforschung des Essens, Mitteilungen 10, 2003, S. 22

- einen geringen Fleischkonsum
- den Konsum ökologisch produzierter Lebensmittel
- eine Bevorzugung wenig verarbeiteter Lebensmittel und
- solcher Lebensmittel, die regional und saisonal erzeugt werden[24]

Warum weniger oder gar kein Fleisch wichtig für ein nachhaltiges und zukunftsweisendes Ernährungsverhalten ist, soll nun im nächsten Abschnitt erläutert werden.

2.2.1 Fleischreduktion

Der Fleischkonsum in der westlichen Welt ist enorm. In den vergangenen 40 Jahren hat sich der weltweite Fleischverbrauch von rund 78 auf 250 Millionen Tonnen pro Jahr mehr als verdreifacht. Der Weltagrarbericht geht davon aus, dass dieser Trend anhält, wenn der hohe Fleischkonsum der Industrieländer gleich bleibt und China und andere Schwellenländer sich diesem Niveau weiter annähern. Im Durchschnitt konsumiert der Mensch pro Jahr 39 Kilo Fleisch. In den Entwicklungsländern liegt der durchschnittliche Konsum bei 28 Kilo, in den ärmsten Ländern bei 9 Kilo. In den Industriestaaten werden dagegen jährlich mehr als 80 Kilo pro Person vertilgt.[25]

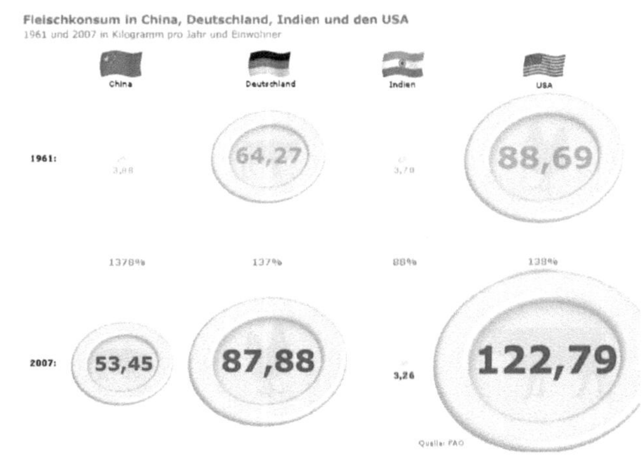

Abb. 2: Fleischkonsum in China, Deutschland, Indien und den USA im Vergleich[26]

---

[24] Brunner, K.-M.: Der Ernährungsalltag im Wandel und die Frage der Steuerung von Konsummustern, in: Ploeger, A., Hirschfelder, G., Schönberger, G.: Die Zukunft auf dem Tisch. Analysen, Trends und Perspektiven der Ernährung von morgen, Wiesbaden, 2011, S. 203
[25] Koerber, K. von, Männle, T., Leitzmann, C.: Vollwert-Ernährung. Konzeption einer zeitgemäßen und nachhaltigen Ernährung, Stuttgart 2004
[26] http://www.spiegel.de/fotostrecke/fotostrecke-58035-2.html

Heute leben – aufgrund des überdurchschnittlich hohen Fleischkonsums in der westlichen Welt – mehr Nutztiere auf der Erde als je zuvor: Schätzungen sprechen von 60 Milliarden. Die UN-Landwirtschafts-organisation FAO erwartet, dass sich die jährliche globale Fleischproduktion bis 2050 noch einmal fast verdoppeln wird. Das bleibt nicht ohne Folgen, denn die Fleischproduktion verursacht im Vergleich zu anderen Lebensmitteln überdurchschnittlich hohe Ausstöße an CO2-Emissionen. Ganz besonders berüchtigt ist in diesem Zusammenhang etwa der Ausstoß des Treibhausgases Methan aus dem Verdauungstrakt von Rindern, denn Methan ist für den Treibhauseffekt über 20-mal so wirksam wie CO2.[27]

Studien belegen eindeutig, dass landwirtschaftliche Nutztiere mehr zum Klimawandel beitragen als das Transportwesen. Der UN zufolge ist der Nutztiersektor für 18 Prozent der Treibhausgasemissionen verantwortlich, rund 40 Prozent mehr als der gesamte Transportsektor – Autos, Lkws, Flugzeuge, Züge, Schiffe – zusammengenommen. Neueste Daten lassen sogar eine quantitative Aussage über die Rolle der Ernährung zu: Fleischesser erzeugen siebenmal so viele Treibhausgase wie Veganer.[28]

Für die Herstellung von einem Kilo Fleisch sind mindestens zwei Kilo Getreide oder Sojabohnen nötig, weshalb 35 Prozent des weltweit produzierten Getreides im Magen von Mastvieh landet. Davon abgesehen entstehen 18 Prozent der weltweit ausgestoßenen Klimagasse durch die Tierhaltung. Und bis zum Jahr 2050 wird ein Anstieg der Weltbevölkerung von derzeit 6,9 auf 9,1 Milliarden Menschen prognostiziert – und zwar vorwiegend in den Entwicklungsländern, die mit höheren Einkommen künftig auch deutlich mehr Fleisch konsumieren werden. Anlass, den Fleischkonsum bewusst zu reduzieren, gibt es also genug.[29]

Der steigende Bedarf an Lebensmitteln und der vermehrte Bedarf an Futtermitteln führen global zum Wettlauf um die knappen Boden- und Wasserressourcen. In Entwicklungs- und Schwellenländern ändert sich das Essverhalten. Nach westlichem Vorbild steigt auch in Entwicklungsländern und Schwellenländern die Nachfrage nach Fleisch. Es wird geschätzt, dass der tägliche Fleischkonsum bis zum Jahr 2050 in den Industriestaaten um ein Viertel, in den Entwicklungsländern sogar um 150 Prozent steigen wird. Bis zum Jahr 2050 wird demnach ein Anstieg der weltweiten Getreideernte um 50 Prozent, der Fleischproduktion sogar um 90 Prozent erwartet.[30]

---

[27] Hamm, M.: Über den Tellerrand hinaus, in: Die Zeit Nr. 51, 10. Dezember 2009, S. 39
[28] Safran Foer, Jonathan: Tiere essen, Köln 2010, S. 89f
[29] Strnadl, S.: Ein Schnitzel für Vegetarier, in: Der Standard, 13. April 2011, S. 23
[30] http://www.lebensministerium.at/lebensmittel/lebensmittelbericht/lebensmittelbericht.html

Somit wird deutlich, dass Umwelt- oder Klimasünder Nummer eins die Landwirtschaft, vor allem die Viehhaltung ist. Fast jeder zehnte Liter Süßwasser, den der Mensch verbraucht, fließt in die Viehhaltung. Um ein Kilogramm Fleisch zu produzieren, wird fünfzig Mal mehr Wasser benötigt, als für ein Kilogramm Reis.[31]

Weiters ist das Rind, der schlechteste Futterverwerter unter den Nutztieren. „Es verbraucht Unmengen an Energie und wird darum auch als der >>Cadillac<< unter den Masttieren bezeichnet."[32] Der Anteil der Landwirtschaft am Gesamtausstoß der besonders klimaschädlichen Treibhausgase liegt bei über 30 Prozent.

Abb. 3: Klimakiller Landwirtschaft[33]

Ein Vergleich der Treibhauseffekte verschiedener Ernährungsweisen, zeigt, dass eine biologische Ernährung ohne Fleisch mit Milchprodukten für das Klima am besten abschneidet. Am schlechtesten sind die klimaschädlichen Werte von jenen fleischessenden Personen, die sich mit den Lebensmittel aus konventioneller Landwirtschaft ernähren.

Zu den wichtigsten nachhaltigen Maßnahmen, zu denen Konsumenten im Ernährungsbereich beitragen können, zählt somit ein stark eingeschränkter Fleischkonsum. Die Faustregel wäre zum einen nicht mehr als zweimal pro Woche Fleisch zu essen und zum anderen sollten Fleisch und Fleischprodukte aus biologischer Landwirtschaft und aus der unmittelbaren Umgebung bezogen werden.[34]

---

[31] Verbeek, D.: Feeding the World, in: Eurofund 3, 2007, S. 14
[32] Rifkin, J.: Das Imperium der Rinder, Frankfurt a. M./New York, 1994, S. 124
[33] Holm, C.: Eine Welt ohne Wurst, in: Der Spiegel, 3/2011O, 17.01.2011, S. 44, im Internet: http://www.spiegel.de/fotostrecke/fotostrecke-58035-2.html
[34] vgl. Koerber et al. (2004), S. 14

2.3 Die Ernährung von morgen

Die vegetarische Ernährung stellt sich als zukunftsfähige Ernährungsform dar. Sie hat nicht nur den Anspruch auf Nachhaltigkeit im Ernährungsbereich sondern ermöglicht den Menschen ein hohes Maß an Gesundheit und Lebensqualität. Nicht nur ökosoziales Verhalten liegt im Trend – auch das Bewusstsein für eine vegetarische Ernährung hat in den letzten Jahren in unserer Gesellschaft stark zugenommen. Mediale Berichterstattung sowie zahlreiche Buchneuerscheinungen zum Thema sorgen für Aufmerksamkeit und ziehen eine breite Öffentlichkeit auf die vegetarische Ernährungsweise. Ob es sich dabei um einen aktuellen Entwicklungstrend handelt, der sich möglicherweise von einem Trend zu einem kollektiven Leitbild in der Gesellschaft etablieren könnte oder ob es anhand von Barrieren und Hemmnissen kaum möglich ist, dieses Konzept der vegetarischen Ernährung im Alltag zu integrieren, soll in der Folge skizziert werden.

Barrieren für die weitere Verbreitung einer vegetarischen Ernährungsweise im Rahmen eines nachhaltigen Ernährungskonzepts könnte die von vielen Menschen empfundene Nähe zu einem weltanschaulichen Gesamtkonzept sein. Die vegetarische Lebensweise wird oft als zu komplex beurteilt, die mehr verlangt, als nur seine Ernährung umzustellen. Und da bereits eine Ernährungsumstellung für viele eine besonders große Herausforderung darstellt, sind zusätzliche, zumindest angenommene Anforderungen häufig mit einer Überforderung verbunden. Wichtig scheint bei Forcierung der vegetarischen Ernährungsweise die Distanz zu jeder Form von Dogmatismus – vielmehr möchte man sich eine gewisse Flexibilität in der Ernährung offenhalten.[35]

Die Wiener Ernährungswissenschafterin Hanni Rützler spricht von einer „vegetabilen Revolution"[36] als Ernährungstrend unserer Zeit. Das Leitmotte dazu liefert ihr der Jahrhundertkoch und Fleischesser Eckart Witzigmann: „Lieber kein Huhn als irgendein Huhn!" Der neue Vegetarismus ist somit keine grundsätzlich dogmatische Ernährungsweise, sondern zunächst einmal eine Geschmacksfrage. Dass der Trend noch nicht in der Mitte der Gesellschaft angekommen ist bedeutet nur dass Zukunft an den Rändern entsteht und an den Bruchstellen unserer Gesellschaft – auch beim Essen. Was in der Gastronomie beginnt, findet mit etwas Verzögerung auch Eingang in die privaten Haushalte.[37]

---

[35] Schönberger, T.: Vegetarisch leben – die Ernährungsweise der Zukunft?, in: Linnemann, M., Schorcht, C.: Vegetarismus – Zur Geschichte und Zukunft einer Lebensweise, Erlangen, 2010, S. 131f

[36] vgl. Rützler (2010), S.81ff

[37] http://www.profil.at/articles/1048/560/283505/da-salat-kommt-gesellschaft

Tatsache ist, dass sich das zukünftige Ernährungs- und Essverhalten der Bevölkerung aufgrund der ökologischen, aber auch ethischen und sozialen Folgen langfristig ändern wird (müssen). Und an geringerem Fleischkonsum führt wohl kein Weg vorbei.

Lemke beschreibt einen Ernährungsstil entsprechend einer Ethik eines klimagerechten sowie nachhaltigen Essverhalten, der als Leitfaden für eine Ernährung von morgen eine Gültigkeit haben könnte, mit der Beachtung der folgenden Maxime: „Lasse dir möglichst saisonale und möglichst direkt vermarktete Produkte von regionalen Bauernhöfen schmecken, um unnötige Transporte zu vermeiden. Kaufe, wenn und wo es geht, möglichst nur umweltfreundlich hergestellte und gerecht gehandelte Lebensmittel, also so genannte Bio- und Fair-Trade-Produkte. Entscheide dich außerdem für Produkte und Speisen mit der besten Gesamtenergiebilanz und mit dem geringsten Verpackungsaufwand bzw. Müllaufkommen. Lass' fragwürdige Fertigprodukte und Convenience-Kreationen im Tiefkühlfach oder auf den Supermarktregalen einfach liegen. Tue das Gleiche mit genmanipulierten Dingen. Iss am besten gar keine Fleischprodukte oder esse zumindest weniger Fleisch, und wenn gelegentlich, dann nur Bio-Fleisch aus artgerechter Haltung. Sei besonders raffiniert und wähle gleich klimafreundliche Tofuwürste oder andere leckere Fleischersatzstoffe und smarte Energiestoffe eines undogmatischen Veganismus. Werde Teil einer Bewegung, die jeden Tag weltweit wächst und für alle Gutes tut."[38]

Der reduzierte Fleischkonsum wird auch verstärkt durch Öffentlichkeitsarbeit und politische Appelle propagiert. Dabei sollen durch eine mediale Forcierung der Thematik breitere Bevölkerungskreise angesprochen werden.

2.3.1 Fleischfreier Wochentag

Fleisch und Wurst gehören zum Speiseplan der allermeisten obwohl in der EU der Konsum tierischer Proteine auf hohem Niveau stagniert. So gibt es im belgischen Gent eine interessante Kampagne, wo beispielsweise die Bürger einmal pro Woche auf Fleisch verzichten. Gent war damit die erste Stadt der Welt, wo ein fleischfreier Wochentag eingeführt wurde. Dem Klima zuliebe ist das Hauptgericht in allen öffentlichen Kantinen und Schulmensen jeden Donnerstag vegetarisch. Denn wenn der Konsument sich für eine nachhaltige (fleischlose oder fleischreduzierte) Nahrung entscheidet, dann muss auch ein entsprechendes Angebot vorhanden sein. Dieser Vorstoß im belgischen Gent hat

[38] Lemke, H.: Klimagerechtigkeit und Esskultur – oder „Lerne Tofuwürste lieben!", in: Ploeger, A., Hirschfelder, G., Schönberger, G.: Die Zukunft auf dem Tisch – Analysen, Trends und Perspektiven der Ernährung von morgen, Wiesbaden, 2011, S. 167

weltweit für mediales Echo gesorgt. Viele Städte haben sich dieser Aktivität eines fleischfreien Wochentags bereits aktiv angeschlossen. [39]

Auch in Österreich startete beispielsweise eine „FleischfreiTag"-Kampagne in Oberösterreich, wo die Politik eine „Einladung" an die Bürger und Bürgerinnen ausgesprochen hat, einen Tag pro Woche bewusst auf Fleisch zu verzichten. Als Kooperationspartner versucht man nun Restaurants und Betriebsküchen im Zeichen des Klimaschutzes zu gewinnen.[40]

Solche Aktivitäten und Ernährungsempfehlungen sind massentauglich und so kann es gelingen, weniger von einer strikten fleischlosen bzw. vegetarischen Ernährungsweise ausgehend sondern vielmehr von einer fleischreduzierten Esskultur, den vegetarischen Gedanken in breitere Bevölkerungskreise zu tragen und wirkungsvolle Empfehlungen für ein nachhaltiges Ernährungsverhalten für die Zukunft auszusprechen. Trotzdem braucht es aber auch immer ein Angebot für eine möglichst einfache Umsetzung im Ernährungsalltag eines jeden Einzelnen. Auf dem Weg dahin verschließen sich mittlerweile auch Fastfood-Ketten oder Steakhäuser diesem neuen Trend nicht mehr und haben die Speisekarten mit vegetarischen Burgern oder anderen fleischlose Gerichten ergänzt.

---

[39] vgl. Hamm (2009), S. 39

[40] Rohrhofer, M.: Mehr Grün auf dem Teller, in: Der Standard, 22. September 2011, S. 24 oder www.fleischfrei-tag.at

Literaturverzeichnis (inkl. weiterführende Literatur)

Adams, C.: Zum Verzehr bestimmt. Eine feministisch-vegetarische Theorie, Wien 2002

Aigner, L., Amadori, M., Brait, S., Egger, D., Lehner, S.: Zwischen Döner, Bratwurst und Veggie-Burger, in: Der Standard, 27. April 2011

Alvensleben, R.: BSE-Krise, Verbraucherverunsicherung und ihre Folgen, in: Agrarwirtschaft, Heft 6, 1997

Astleithner, F.: Fleischkonsum als Kriterium für nachhaltige Ernährungspraktiken, in: Brunner, K.-M., Geyer, S., Astleithner, F.: Ernährungsalltag im Wandel. Chancen für Nachhaltigkeit, Wien/New York 2007

Badertscher, F., Jörin, R., Riedler, P.: Einstellungen zu Tierschutzfragen: Wirkung auf den Fleischkonsum, in: Agrarwirtschaft, Heft 2, 1998

Barlösius, E., Feichtinger E., Köhler, B.: Ernährung in der Armut. Gesundheitliche, soziale und kulturelle Folgen in der Bundesrepublik Deutschland, Berlin 1995

Barlösius, E.: Naturgemäße Lebensführung. Zur Geschichte der Lebensreform um die Jahrhundertwende, Frankfurt am Main 1997

Barlösius, E.: Soziologie des Essens. Eine sozial- und kulturwissenschaftliche Einführung in die Ernährungsforschung, München 2011

Baumgartner, J.: Vegetarisch im 20. Jahrhundert – eine moderne und zukunftsfähige Ernährung, in: Linnemann, M., Schorcht, C.: Vegetarismus. Zur Geschichte und Zukunft einer Lebensweise, Erlangen, 2010

Bosshart D., Hauser M.: European Food Trends Report – Perspektiven für Industrie, Handel und Gastronomie, Rüschlikon/Zürich, 2008

Bourdieu, P.: Die feinen Unterschiede. Kritik der gesellschaftlichen Urteilskraft, Frankfurt am Main 1998

Brunner, K.-M.: Konsumprozesse im Ernährungsfeld: Chancen für Nachhaltigkeit?, in: Internationaler Arbeitskreis für Kulturforschung des Essens, Mitteilungen 10, 2003

Brunner, K.-M., Kropp, C.: Ökologisierungspotentiale der privaten Konsum- und Ernährungsmuster, in: Diskussionspapier Nr. 1, 2004, S. 35, im Internet: www.konsumwende.de

Brunner, K.-M.: Risiko Lebensmittel? Lebensmittelskandale und andere Verunsicherungsfaktoren als Motiv für Ernährungsumstellungen, Wien, 2006, im Internet: www.konsumwende.de

Brunner, K.-M.: Konsumprozesse: Ernährungspraktiken und nachhaltige Entwicklung, in: Schnedlitz, P., Buber, R., Reutterer, T., Schuh, A., Teller, C.: Innovationen in Marketing und Handel, Wien 2006

Brunner, K.-M.: Ernährungspraktiken und nachhaltige Entwicklung – eine Einführung, in: Brunner, K.-M., Geyer S., Jelenko, M., Weiss, W., Astleithner, F.: Ernährungsalltag im Wandel. Chancen für Nachhaltigkeit, Wien/New York 2007

Brunner, K.-M.: Essenskulturen in sozialen Wandel, in: Engel, G., Scholz, S.: Essenskulturen, Berlin 2008

Brunner, K.-M.: Der Ernährungsalltag im Wandel und die Frage der Steuerung von Konsummustern, in: Ploeger, A., Hirschfelder, G., Schönberger, G.: Die Zukunft auf dem Tisch. Analysen, Trends und Perspektiven der Ernährung von morgen, Wiesbaden 2011

Büchse, N., Kruse, K.: Sind Vegetarier die besseren Menschen?, in: Stern, Ausgabe 4/2011

Dangschat, J.: Wie nachhaltig ist die Nachhaltigkeitsdebatte?, in: Alisch, M. (Hg.): Sozial – Gesund – Nachhaltig. Vom Leitbild zu verträglichen Entscheidungen in der Stadt des 21. Jahrhunderts, Opladen 2001

Dierauer, U.: Vegetarismus und Tierschonung in der griechisch-römischen Antike, in: Linnemann, M., Schorcht, C.: Vegetarismus. Zur Geschichte und Zukunft einer Lebensweise, Erlangen 2010

Döcker, U., Kloimüller, I., Landsteiner, G., Nohel, C., Payer, H., Rützler, H., Sieder, R., Stocker, K.: Fetter, Schwerer, Schneller, Mehr. Mythen und Fakten vom Essen und Trinken, Wien 1994

Eberle, U.: Umwelt-Ernährung-Gesundheit – Beschreibung der Dynamiken eines gesellschaftlichen Handlungsfeldes. Ernährungswende-Diskussionspapier Nr. 1, Köln 2004

Eder, K.: Die Vergesellschaftung der Natur. Studien zur sozialen Evolution der praktischen Vernunft, Frankfurt a. M. 1988

Elmadfa, I., Leitzmann, C.: Ernährung des Menschen, 4. Auflage, Stuttgart 2004

Elmadfa, I.: Österreichischer Ernährungsbericht 2008, Wien 2009

Fiddes, N.: Fleisch. Symbol der Macht, Frankfurt am Main 1993

Fritzen, F.: Gesünder leben. Die Lebensreformbewegung im 20. Jahrhundert, Stuttgart 2006

Geyer, S.: Essen und Kochen im Alltag, in: Brunner, K.-M., Jelenko, M., Weiss, W., Astleithner, F.: Ernährungsalltag im Wandel. Chancen für Nachhaltigkeit, Wien/New York 2007

Giddens, A.: Transformation of Intimacy. Sexuality, Love and Eroticism in Modern Society, Cambridge 1992

Glitsch, K.: Verhalten europäischer Konsumenten und Konsumentinnen gegenüber Fleisch, in: Europäische Hochschulschriften, Reihe V, 1999

Hahn, A.: Vegetarisch in die Zukunft? Eine ernährungsphysiologische Betrachtung, in: Linnemann, M., Schorcht, C.: Vegetarismus – Zur Geschichte und Zukunft einer Lebensweise, Erlangen 2001

Hamm, M.: Über den Tellerrand hinaus, in: Die Zeit Nr. 51, 2009

Hauff, V.: Unsere gemeinsame Zukunft. Der Brundtlandbericht der Weltkommission für Umwelt und Entwicklung, Greven 1987

Heseker, H., Adolf, T., Eberhardt, W., Hartmann, S., Kübler, W., Schneider, R.: Lebensmittel- und Nährstoffaufnahme Erwachsener in der Bundesrepublik Deutschland, Ergebnisse der VERA-Studie, Niederkleen 1994

Hirschfelder, G.: Europäische Esskultur. Geschichte der Ernährung von der Steinzeit bis heute, Frankfurt am Main 2001

Hofer, S., Schüller, S.: Welches Schweinderl hätten sie denn gern?, in: Profil Nr. 29, 18. Juli 2011

Jelenko, M.: Geschlechtsspezifische Ernährungspraktiken, in: Brunner, K.-M., Geyer, S., Astleithner, F.: Ernährungsalltag im Wandel. Chancen für Nachhaltigkeit, Wien/New York 2007

Karmasin, H.: Die geheime Botschaft unserer Speisen. Was Essen über uns aussagt, München 2001

Kerr, M., Charles, N.: Servers und Providers: The Distribution of Food within the Familiy, in: Sociological Review 34, 1, 1986

Kirig, A., Wenzel, E.: Lohas: Bewusst grün – alles über die neuen Lebenswelten, München 2009

Klocke, A.: Der Einfluss sozialer Ungleichheit auf das Ernährungsverhalten im Kinder- und Jugendalter, in: Barlösius, E., Feichtinger E., Köhler, B.: Ernährung in der Armut. Gesundheitliche, soziale und kulturelle Folgen in der Bundesrepublik Deutschland, Berlin 1995

Koerber, K. von, Männle, T., Leitzmann, C.: Vollwert-Ernährung. Konzeption einer zeitgemäßen und nachhaltigen Ernährung, Stuttgart 2004

Kopfmüller, J., Brandl, V., Jörissen, J., Paetau, M., Banse, G., Coenen, R., Grunwald, A.: Nachhaltige Entwicklung integrativ betrachtet, Berlin 2001

Leitzmann, C.: Vegetarismus – Grundlagen, Vorteile, Risiken, München 2009

Leitzmann, C., Keller, M.: Vegetarische Ernährung, 2. Auflage, Stuttgart 2010

Leitzmann, C., Keller, M.: Vegetarische Ernährung – Eine Ernährungsweise mit Zukunft, in: Spiegel der Forschung, Nr. 1/2011, S.22, im Internet: http://geb.uni-giessen.de/geb/volltexte/2011/8117/pdf/SdF-2011-01_20-30.pdf

Lemke, H.: Ethik des guten Essen: Gastrosophisches Plädoyer für eine nachhaltige Esskultur, o.J., o. O.

Lemke, H.: Klimagerechtigkeit und Esskultur – oder „Lerne Tofuwürste lieben!“, in: Ploeger, A., Hirschfelder, G., Schönberger, G.: Die Zukunft auf dem Tisch – Analysen, Trends und Perspektiven der Ernährung von morgen, Wiesbaden 2011

Mennell, S., Murcott, A., Otterloo, A.: The Sociology of Food. Eating, Diet and Culture, London 1992

Mellinger, N.: Fleisch – Ursprung und Wandel einer Lust, Frankfurt/Main 2000

Mohrs, T.: Fleisch – das problematischste Lebensmittel schlechthin, in: Bio-Nachrichten Nr. 018, 2010

Morawec, B.: Junges wildes Gemüse, in: Salzburger Nachrichten, 9. April 2011

Pieper, A.: Einführung in die Ethik, Basel 1994

Plasser, G.: Essen und Lebensstil, in: Richter, R. (Hg.): Sinnbasteln: Beiträge zur Soziologie der Lebensstile, Wien 1994

Pollan, M.: In Defense of Food. An Eater's Manifesto, London 2008

Pollmer, U.: Kann denn Essen Sünde sein? Wege in die Krise – Wege aus der Krise, in: Tagungsband zum Themenforum: Essen und Ernährung – heute und morgen, 2005

Prahl, W., Setzwein, M: Soziologie der Ernährung, Opladen 1999

Rifkin, J.: Das Imperium der Rinder, Frankfurt a. M./New York, 1994, S. 124

Risi, A., Zürrer, R.: Vegetarisch leben, Zürich 2011

Rohrhofer, M.: Mehr Grün auf dem Teller, in: Der Standard, 22. September 2011

Ruep, S.: Ernährung und Landwirtschaft als Klimakiller, in: Der Standard, 2. Februar 2012

Rützler, H.: Was essen wir morgen?, Wien 2005

Rützler, H., Reiter, W.: Food Change. 7 Leitideen für eine neue Esskultur, St. Stefan 2010

Rützler, H., Reiter, W.: Vorwärts zum Ursprung. Gesellschaftliche Megatrends und ihre Auswirkungen auf eine Veränderung unserer Esskulturen, in: Ploeger, A., Hirschfelder, G., Schönberger, G.: Die Zukunft auf dem Tisch, Wiesbaden 2011

Safran Foer, Jonathan: Tiere essen, Köln 2010

Schönberger, T.: Vegetarisch leben – die Ernährungsweise der Zukunft?, in: Linnemann, M., Schorcht, C.: Vegetarismus – Zur Geschichte und Zukunft einer Lebensweise, Erlangen 2010

Schönhöfer-Rempt, R.: Giessener Vegetarierstudie, Gießen 1988

Setzwein, M.: Ernährung – Körper – Geschlecht: Zur sozialen Konstruktion von Geschlecht im kulinarischen Kontext, Wiesbaden 2004

Singer, P.: Praktische Ethik, Stuttgart 1994

Singer, P.: Animal Liberation, New York 2002

Singer, P., Mason, J.: Eating. What we eat und why it matters, London 2006

Stappen, R.: A sustainable world is possible, Eichstätt 2004-2008

Strnadl, S.: Ein Schnitzel für Vegetarier, in: Der Standard, 13. April 2011

Streck, M., Draf,. S.: Der Preis ist billig, aber das Fleisch ist schwach, in: Stern 22, 2010

Struve, G.: Pflanzenkost, die Grundlage einer neuen Weltanschauung, Stuttgart 1869

Spencer, C.: Vegetarianism: a history, London 2000

Twigg, J.: Vegetarism and the Meanings of Meat, in: Murcott, A.: The Sociology of Food an Eating: Essays on the Sociological Significance of Food, Aldershot 1983

Verbeek, D.: Feeding the World, in: Eurofund 3, 2007

Online-Quellenverzeichnis

Agrarmarkt Austria: Konsumverhalten: Fleisch- und Fleischwaren (abgerufen am 4. Februar 2012)
http://www.ama-marketing.at/ama-marketing/daten-und-fakten/fleisch-fleischwaren/

Beef! – Das Magazin für Männer mit Geschmack (abgerufen am 21. Februar 2012)
http://www.beef.de/

Büning-Fesel, M.: Ernährungskompetenz ist Lebenskompetenz (abgerufen am 22. Februar 2012)
http://www.aid.de/downloads/aid_forum_2008_abstract_buening_fesel.pdf

Desrues, G.: Die wichtigste Ursache für den Klimawandel (abgerufen am: 5. Februar 2012)
http://www.profil.at/articles/1033/560/275891/die-ursache-klimawandel

Fellowes, J.: The new vegetarianism: introducing the flexitarian (abgerufen am: 12. Jänner 2012)
http://www.telegraph.co.uk/health/3459737/The-new-vegetarianism-introducing-the-flexitarian.html

Friedrich-Schiller-Universität Jena: Ergebnisse der Vegetarier-Studie 2007 (abgerufen am: 7. Februar 2012)
http://www.vegetarierstudie.uni-jena.de/

GfK-Studie: „Einfluss des Klimawandels auf den Konsum" (abgerufen am 10. Februar 2012)
http://www.gfk.com/imperia/md/content/businessgrafics/pd_klimawandel_dfin.pdf

Hofer, S.: Da haben wir den Salat: Kommt die fleischlose Gesellschaft? (abgerufen am 12. Februar 2012)
http://www.profil.at/articles/1048/560/283505/da-salat-kommt-gesellschaft

Max Rubner-Institut: Ergebnisse NVSII – Basisauswertung II – Schichtenindex
(abgerufen am 12. Februar 2012)
http://www.was-esse-ich.de/uploads/media/PK-29-5-Schichtindex.pdf

Mayerhofer, B: Tiere essen? Der neue Vegetarismus (abgerufen am 24. Februar 2012)
http://www.goethe.de/ges/phi/eth/de7011402.htm

Nestlé Studie 2011: So isst Deutschland (abgerufen am 20. Februar 2012)
http://www.nestle.de/Unternehmen/Nestle-Studie/Nestle-Studie-2011/Documents/Nestle%20Studie%202011_Zusammenfassung.pdf

Österreichischer Lebensmittelbericht 2010 (abgerufen am 4. Februar 2012)
http://www.lebensministerium.at/lebensmittel/lebensmittelbericht/lebensmittelbericht.html

Österreichische Vegetarierunion (abgerufen am: 4. Jänner 2012)
http://www.vegetarier.at

Schweizer Vereinigung für Vegetarismus (abgerufen am: 3. Jänner 2012)
http://www.vegetarismus.ch

Springen, K.: Part-Time Vegetarians (abgerufen am: 12. Jänner 2012)
http://www.thedailybeast.com/newsweek/2008/09/28/part-time-vegetarians.html

Statistik Austria – Versorgungsbilanzen für den tierischen Sektor (abgerufen am 2. Februar 2012)
http://www.statistik.at/web_de/statistiken/land_und_forstwirtschaft/preise_bilanzen/versorgungsbilanzen/

Thimm, K.: Manchmal fühlt es sich schrecklich an, Vegetarier zu sein (abgerufen am. 5. Februar 2012)
http://www.spiegel.de/fotostrecke/fotostrecke-58035-4.html

Vegane Gesellschaft in Österreich (abgerufen am: 3. Jänner 2012)
http://www.vegan.at

Weltagrarbericht: Die Erkenntnisse des Weltagrarberichts (abgerufen am 15. Jänner 2012)
http://www.weltagrarbericht.de

Weltagrarbericht – Synthesebericht (abgerufen am 15. Februar 2012)
http://hup.sub.uni-hamburg.de/opus/volltexte/2009/94/pdf/HamburgUP_IAASTD_Synthesebericht.pdf

Wertewandel (abgerufen am 17. Februar 2012)
http://soziologie.soz.uni-linz.ac.at/sozthe/freitour/FreiTour-Wiki/Wertewandel.htm

Zösch, S., Schäfer, D.: Zur Sachlage in Deutschland – eine Übersicht (abgerufen am: 5. Februar 2012) http://www.vebu.de/attachments/Foer_Tiere_Essen_Anmerkungsteil_Deutschland.pdf

Mehr zu diesem Thema finden Sie in „Ernährungsverhalten im Wandel. Geschichte und Ausformungen des Vegetarismus“ von Manuela Gruber, ISBN: 978-3-656-38968-2

http://www.grin.com/de/e-book/211113/